AF591603

S

LE VALLON

LE

VALLON

LA CHAUMIÈRE

LA MOISSON.

LILLE

L. LEFORT, IMPRIMEUR - LIBRAIRE

1854

PROPRIÉTÉ DE 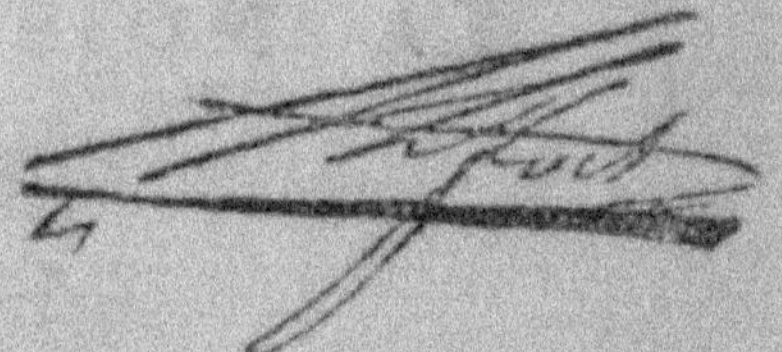

(C.)

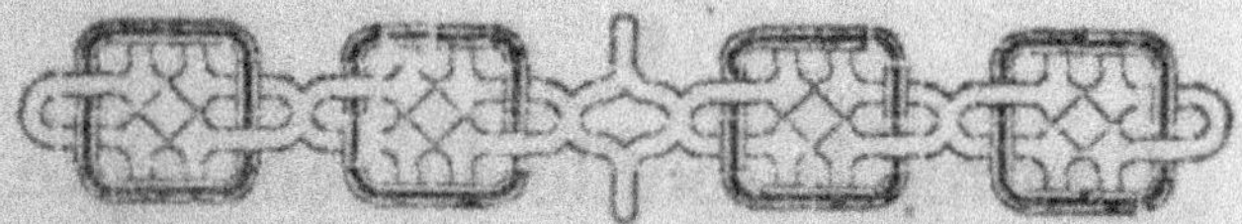

LE VALLON

I

La douce lumière du soleil nous appelle dans les champs : c'est là qu'une joie pure nous est réservée ; c'est dans ce vallon fleuri que nous allons adresser un hymne au Créateur.

Comme le souffle du vent agite doucement chaque rameau, chaque feuille de ces buissons ! Tout ce qui paraît devant nos yeux saute, bondit, folâtre, ou bien entonne des chants d'allégresse : tout semble rajeuni, animé d'une nouvelle vie.

Bois touffus, vallées charmantes, que la nature pare de ses dons, votre aspect récrée nos sens et flatte notre cœur ; vos attraits ne doivent rien à l'art, et ils effacent l'éclat des jardins.

Le grain mûrit, et bientôt il invitera le laboureur à y porter la faux. Les arbres, couronnés de feuilles, ombragent les collines et les campagnes. Les oiseaux font retentir les airs de leurs joyeuses chansons. Le paisible cultivateur voit renouveler ses trésors : dans ses regards sereins brille le sentiment du bonheur.

Venons goûter les douceurs innocentes et si pures qu'on trouve au sein des campagnes. Là, de riches pâturages, des prairies couvertes de rosée, et les riants objets qui s'offrent de toutes parts, remplissent l'âme d'une douce joie, et l'élèvent jusqu'à son Créateur.

La contemplation de la nature, dans le règne végétal, ne nous promet pas seulement des plaisirs enchanteurs ; j'ajoute qu'ils ne peuvent être plus variés. Un botaniste moderne se vante d'avoir fait une collection de vingt-cinq mille espèces de végétaux, et il porte à quatre ou cinq fois autant le nombre de celles qu'il n'a pas vues. Mais cette évaluation est bien faible, si l'on considère que l'on ne connaît presque rien de l'intérieur de l'Afrique, de celui des trois Arabies, et peu de chose encore des deux Amériques ; très-peu de la nouvelle Guinée, des nouvelles Hollande et Zélande, et des îles nombreuses de la mer du Sud. On ne connaît guère que quelques rivages de l'ile de Ceylan, de celle de Madagascar, des Archipels immenses des Philippines et des Moluques, et de presque toutes les îles de l'Asie; pour son vaste continent, à l'exception de quelques grands chemins dans l'intérieur, et de quelques côtes où trafiquent les Européens, on peut dire qu'il nous est tout-à-fait inconnu. Combien de terrains en Tartarie, en Sibérie, et dans quelques royaumes de l'Europe même, où jamais les botanistes n'ont mis le pied ! En un mot, s'il est permis de hasarder des conjectures à ce sujet, peut-être n'y a-t-il pas de lieue carrée sur la terre, qui ne présente quelque plante qui ne lui soit propre, ou du moins, qui n'y vienne mieux, qui n'y soit plus belle qu'en aucun autre endroit du monde : ce qui doit porter à plusieurs millions le nombre d'espèces primitives répandues sur la surface solide du globe.

A l'aide du microscope on a

trouvé des plantes dans les lieux où l'on pouvait le moins s'y attendre. La mousse a été se ranger parmi les végétaux ; les taches brunes et noirâtres dont sont couvertes les pierres de taille, sont devenues des plantes elles-mêmes; on en découvre jusque sur le verre le mieux poli. Cette moisissure, qui s'attache à presque tous les corps, offre un jardin, une prairie, une forêt, où les plantes, malgré leur extrême petitesse, ont des fleurs et des graines.

Si donc on réfléchit sur la quantité de mousse qui couvre

jusqu'aux pierres les plus dures, jusqu'aux lieux les plus arides; sur la quantité d'herbes qui ornent la surface de la terre, sur les diverses espèces de fleurs qui récréent nos sens; sur tous les arbres et les arbustes : si l'on y joint les plantes aquatiques, dont la finesse égale celle d'un cheveu, et qui, pour la plupart, n'ont pas été examinées suffisamment, on ne pourra qu'être frappé de l'étendue du règne végétal. Mais, ce qu'il y a de plus merveilleux encore, c'est que toutes ces espèces se conservent sans que l'une détruise l'autre.

Le Souverain de la nature a désigné à chacune un séjour analogue aux qualités qui lui sont propres : il les a distribuées partout avec sagesse : aucun lieu n'en est dépourvu ; et nulle part elles ne croissent avec trop d'abondance. Telles plantes demandent à s'élever en plein champ exposées au soleil : elles périraient à l'ombre des forêts, ou du moins elles ne feraient qu'y languir. D'autres ne peuvent subsister que dans l'eau ; et ici, les diverses qualités de cet élément occasionnent de grandes variétés. Quelques-unes poussent dans le sable ; d'autres encore dans les marais et dans les lieux bourbeux submergés par intervalles : celles-ci germent sur les premières couches de la terre ; celles-là ne se développent que dans son sein.

Une chose bien digne de toute notre reconnaissance, c'est que, parmi cette innombrable quantité de plantes, le Créateur a voulu que celles qui servent de nourriture ou de remèdes à l'homme et aux animaux, se multipliassent en plus grande abondance que celles qui sont d'une moindre utilité. Les herbes, considérées dans leurs espèces et dans leurs individus, sont infiniment plus nombreuses que les broussailles et les arbres : il y a plus d'herbages que de chênes ; plus de cerisiers, de pommiers que d'abricotiers ; plus de ceps de vigne que de rosiers. Il est évident que le Créateur, par cet arrangement, a voulu pourvoir au bien général. En effet, supposons qu'il y eût plus de chênes que de pâturages, plus d'arbres que d'herbes et de légumes, quelle peine les animaux n'auraient-ils pas à subsister, et combien la surface de la terre ne perdrait-elle pas de sa variété et de ses charmes !

Etre tout-puissant et infiniment sage, je reconnais encore ici les merveilles de votre Providence; et, pour comprendre combien vous êtes grand et bon, il me suffit de contempler l'immense règne des plantes. A la vue de cette multitude de végétaux, excite-toi, ô mon âme, à glorifier ton bienfaiteur. Partout où je porte mes pas, je marche sur des fleurs, et, aussi loin que s'étendent mes regards, je découvre des coteaux et des champs comblés des riches bénédictions du Ciel. Ah ! si chaque brin d'herbe avait le pouvoir de louer son Auteur, quels millions de cantiques s'élèveraient seulement de l'espace étroit d'une prairie ! Mais, ô belles productions du règne des plantes, vous n'avez pas besoin de langage, votre inimitable parure, votre nombre immense, et les avantages que vous procurez à la terre, m'annoncent assez la bonté de mon Créateur ; et vous m'excitez, par votre seul aspect, à m'approcher de lui, du cœur et de la voix. Fleurissez, aimables créatures ! je veux vous contempler souvent, et toujours avec un sentiment de joie et de reconnaissance pour l'Etre adorable qui vous a formées.

II

Des champs passons à la chaumière ; mais avant d'y entrer, dites-moi, mes amis, pensez-vous y trouver le bonheur ? Hélas, nul bonheur n'est complet ici-bas ; partout il y a des peines et des plaisirs attachés aux diverses conditions de la vie.

La paix de la conscience, voilà le seul bonheur qui ne trompe pas, et qui, bien loin d'être interrompu, ne fera que s'augmenter jusqu'à son couronnement dans le ciel. Oui, mes enfants, il y a, dans le travail, dans l'accomplissement du devoir, une source cachée du bonheur. D'ailleurs, le courage à supporter les peines de la vie semble les éloigner.

Maintenant, entrons dans la chaumière; presque partout nous y trouverons le bonheur tel que nous venons de le décrire; mais quelquefois des rêves d'ambition ont pénétré jusque dans les asiles de la paix et de la vertu, et alors que va nous raconter l'habitant de la chaumière ?

« Mon père, nous dit-il, a voulu me faire étudier à la ville ; il employa le fruit de ses économies pour me placer dans un collège de Paris. Mais, au lieu de ce calme et bienfaisant progrès qui se manifestait dans l'âme, dans le cœur, dans l'intelligence et dans la vie entière de ma famille, au lieu d'acquérir les rares qualités qu'on attendait de mon éducation, je perdis bientôt les qualités communes. Ma famille l'ignorait. Mon père pleurait de joie en recevant mes lettres ; tout y était pour lui un sujet d'admiration, jusqu'à la manière dont elles étaient pliées. Savoir le latin, parler comme un livre, c'était si merveilleux qu'on ne me souhaitait rien de plus. Hélas ! à mesure que ma famille sentait augmenter le désir de me revoir, je m'en détachais davantage. Bientôt la religion, seul aliment du cœur et de la pensée, devint pour moi ce qu'elle est pour la jeunesse parisienne, une forme, un langage vieilli, un vêtement hors d'usage. Je n'eus à faire qu'un pas au sortir du collège, pour arriver à l'impiété. Je cherchais, je trouvais des secours contre Dieu dans de funestes lectures. J'étudiais le droit, et loin d'adorer dans la justice humaine ce qu'elle a de divin, je perdis avec la simplicité du cœur la vigueur et la santé de l'intelligence. Je ne croyais plus qu'en moi-même, et pourtant je ne faisais que répéter, dans la morale que je me faisais, toutes les décisions de la mode. Mes parents s'imaginaient que je les surpassais en piété comme en lumières ; ils se faisaient une fête de me revoir. Mais, en quittant Paris, je sentis combien j'étais changé. Je rougissais presque de la simplicité de mes parents. Pour m'étourdir, je prêtais l'oreille aux mille langages inspirés par les mille passions de la ville. Mais ni la vanité, ni l'ambition, ni la licence, ne parlèrent assez haut pour étouffer le cri de mon âme. J'eus beau contempler Paris, avec sa magnificence, ses contrastes éternels, rien ne me délivrait de moi-même. Toutes les choses terrestres ne montrent de l'homme que ce qui n'est pas l'homme. L'air que je respirais ne m'apportait ni le calme des champs, ni le parfum des prairies, ni l'expression si vive de la pensée du Créateur. Ce que je voyais du ciel, déshonoré par la vapeur des rues, ne disait rien à mon âme. Une masse d'objets, se mêlant à ma vie, m'assiégeait et arrêtait l'élan de ma pensée, en l'enchaînant tout entière aux choses périssables. Rien n'égalait mon angoisse quand je quittai Paris, redoutant les vertus patriarchales de mes parents et les contrastes que j'allais leur opposer. A mesure que nous approchions du village, mon cœur se laissa faire.

Des souvenirs d'innocence, la paix solennelle des campagnes, les fleuves, les bois, les collines ranimèrent mon âme fatiguée de vaines chimères et de fausses illusions. L'infini se montrait partout, dans les teintes bleues et mourantes des montagnes, dans la pleine majesté des cieux, dans les bruits et le silence qui entrecoupaient le calme de la solitude. Alors au vain trouble des sens succéda le réveil de l'âme. Paris, en s'enfuyant derrière moi, emporta les erreurs, les tristes soucis, les riens enfin, dont il charge le cœur de la jeunesse. Je fus tout étonné du mouvement qui s'opérait en moi et des impressions que mon âme recevait. Dieu reprenait ses droits.

Ces premières dispositions me préparèrent aux embrassements de la famille. Avant de les recevoir, il me semblait que j'étais digne d'en goûter le charme. Quand mon vieux père me serra contre son cœur, il ne songea guère, en voyant couler mes larmes, que quelques-unes étaient celles du repentir, car j'étais bien en réalité l'enfant prodigue. A chaque caresse de mes parents je m'accusais en silence. Au milieu de ma tendre et chrétienne famille, sous le ciel qui avait vu mon enfance, je comprenais avec une nouvelle clarté, avec une terreur nouvelle, ce que j'avais été à Paris. Rentré dans cette vie qui n'a que Dieu pour spectateur, je retrouvais tous les dons du ciel qu'on avait remplacés en moi par de vaines lumières et des habitudes factices.

Au bout de quelques mois je n'étais plus reconnaissable. J'avais dit adieu aux grands airs; au lieu d'attendre des hommages, je ne demandais qu'à être respectueux et aimant, autant que le voulait mon cœur. Touché de la bonté de Dieu, qui prenait la forme et la voix de mes parents pour se rendre plus sensible à mon âme, je les honorais comme les représentants de l'autorité paternelle du Seigneur, et en leur obéissant, je sentais que j'obéissais au Maître du ciel et de la terre. »

Ce jeune homme, qui avait perdu les forces de l'âme, les recouvra pleinement, quand la sagesse de Dieu, cachée longtemps à ses yeux par les vanités des hommes, reparut dans la tranquille et ravissante abondance de ses œuvres. Le bonheur de la famille, la simplicité des cœurs, les bienfaits de la Providence, si visibles à l'homme qui la contemple dans les magnificences de la création, tout en un mot, renouvela cette âme, et en bannit à jamais l'impiété, qui en avait altéré la noblesse.

III

Une des épreuves les plus pénibles que le paysan soit appelé à subir, dit un respectable auteur, c'est celle de la conscription, qui l'arrache à la charrue paternelle et le jette dans un monde tout nouveau. Alors la désolation se glisse sous le toit de chaume, alors le prêtre de l'Eternel a besoin de toute l'autorité que lui donne son caractère, pour calmer la douleur de ces pauvres familles, qui perdent souvent ainsi leur plus ferme soutien. Le père, qui pour conserver une sorte de dignité, s'efforce de paraître calme, passe son habit des grandes fêtes, pour conduire son fils à la ville; la mère les suit d'un pas mal assuré jusqu'à l'autre bout du village. C'est alors qu'elle serre son fils sur sa poitrine avec toute la vivacité de la tendresse maternelle; c'est alors qu'elle appelle sur cette tête si chère toutes les bénédictions du ciel.

Mais c'est au moment où le clocher de son église se confond avec les nuages, que la douleur du jeune campagnard est la plus vive. Toutes les joies de son enfance, tous ses bonheurs d'adolescent, toutes les émotions douces et pures de l'humble foyer de ses pères, les fètes sous l'ormeau, les solennités religieuses qui réunissent les familles autour des patriarches du hameau, tout fuit, hélas! avec cette petite croix, vers laquelle il a souvent tourné la tête, en suivant pensivement son chemin.... Le temps s'écoule, et il a fait ses huit ans; il revient gaiement au hameau sans prévenir de son arrivée pour ménager à ses amis une douce surprise. Il est parti jeune homme, il revient homme fait, avec des cicatrices glorieuses, un teint hâlé par le soleil d'Afrique, et de longues moustaches noires qui donnent à sa physionomie quelque chose de martial. Il chemine en chantant, comme les petits oiseaux qui sautillent de branches en branches sur les arbres qui bordent la route. Il porte légèrement son sac; un sabre qui va bientôt se changer en faucille, pend avec grace à son côté; ce sabre a défendu la patrie, maintenant il va la nourrir.

Sur le plateau d'une hauteur, le soldat fait halte ; un objet encore indistinct se présente à son cœur plutôt qu'à ses yeux ; il l'a bientôt reconnu, malgré l'extrême éloignement, c'est le clocher de son village. Ivre de joie, le jeune militaire porte respectueusement la main à son schako, puis il reprend d'un pas accéléré le chemin du hameau, où sa mère le pleure encore.

Le jeune soldat, qui a reçu dans son village des principes d'honneur et de piété, les porte souvent dans les camps et ne les y perd point; bientôt il recevra la récompense de sa conduite.

IV

Vous peindrai-je les derniers moments de l'habitant des campagnes : sa figure est calme et paisible comme l'onde d'un beau lac, qui réfléchit les étoiles du ciel. La mort se présente au chrétien sous les traits d'un ange. Le prêtre du Seigneur se plaît près de lui et le console. Ses paroles de réconciliation calment les craintes du pécheur ; il tend la main à ses amis et leur demande humblement pardon de ses fautes; on l'interrompt en sanglottant. Alors l'âme laisse tomber autour d'elle les murailles de chair qui la tenaient captive, et s'envole dans le sein de Dieu, sa première patrie. Un doux sourire s'étend sur les lèvres pâles de l'homme de bien. Un rayon d'immortalité brille sur son front découvert.

Les funérailles sont simples et touchantes. Le cortège traverse lentement les champs; quelquefois la douleur fait explosion à la vue du champ que celui qu'on pleure a défriché sur le penchant de la colline, de l'abreuvoir où ses bœufs se rendaient lentement au déclin du jour, de l'arbre qu'il planta de ses mains, du sillon que la mort ne lui permit pas d'achever. Le cercueil est bientôt déposé sous les voûtes de l'église, où sont venus s'arrêter tour-à-tour les cercueils des générations décédées depuis une longue suite de siècles. Que de souvenirs déchirants se rattachent à ce temple saint ! Sur ces fonts baptismaux, l'ami dont ces bons villageois conduisent le deuil, et qui répondent par des sanglots aux sublimes accents du Roi-prophète, reçut là l'adoption la plus auguste ; faveur immense et gratuite, qui le régénéra pour le ciel et lui donna droit de prétendre aux palmes immortelles. Ces tribunaux de la pénitence reçurent l'aveu de ses fautes, et il s'y réconcilia avec la miséricorde divine ; c'est de là qu'il sortit purifié. On le vit souvent prosterné aux pieds de ces autels, où un Dieu renouvelle sans cesse les mérites infinis du Calvaire, où il aime à rester avec ses enfants, pour entendre leurs soupirs et essuyer leurs larmes. C'est en face de cette croix que la religion bénit leur mariage; ces fonts sacrés firent couler l'eau sainte sur la tête de ses enfants. De quelque côté qu'on porte ses regards, on ne voit que des trophées de la misérricorde de Dieu, que des marques de son amour. Il n'abandonnera pas l'homme dans la mort, lui qui l'a soutenu dans sa vie. Il ne trompera pas les espérances de sa créature, ce désir inquiet d'immortalité, cette soif de bonheur que rien n'étanche sur la terre, l'homme les a reçus de Dieu avec la vie. Pourquoi pleurer? Dieu a retiré le juste de cette terre de souffrances, où les jours sont courts et mauvais. Le ciel était sa patrie, Dieu l'a rappelé de son exil.

Le nouveau cercueil va prendre sa place auprès de celui d'une épouse ou d'un fils. Le paysan, après sa mort, se retrouve encore en famille. On plante une petite croix, qui sera long-temps fouettée par la pluie, et battue par les vents d'hiver. La nature se charge du reste. Elle étend sur la sépulture du pauvre et du riche les tapis de gazon, et dans le mois des fleurs, les brises de l'aurore jonchent de feuilles blanches et roses, dérobées aux arbres du voisinage, les deux tombes avec une parfaite égalité.

V

Parmi les évènements de l'année qui font époque dans la vie de l'habitant des chaumières, nous ne pouvons oublier la moisson, évènement prévu, fête de la famille, de la nature et de la religion tout à la fois. L'époque de la moisson a été, chez tous les peuples et dans tous les temps, marquée par des fêtes et des réjouissances publiques. Moïse ordonna que quand on moissonnerait les champs, on en laissât intact un petit coin pour les indigents. Cette loi d'humanité dont on trouve des traces partout, n'a été nulle part observée avec plus de générosité que chez nos laboureurs français.

Plus d'une fois, le maître du champ, ému de la faiblesse d'une pauvre glaneuse, est allé à elle, et l'a conduite vers des gerbes toutes prêtes, pour lui épargner un travail pénible et souvent insuffisant. C'est ainsi qu'on honore ce bel état de l'agriculture, déjà si en honneur chez les peuples, car il est le nourricier des nations. Ici, c'est un général romain retournant avec empressement à sa charrue après une victoire; là, l'empereur de la Chine traçant lui-même un sillon à la fête de l'agriculture; et chez les Chrétiens les Rogations établies pour demander les bénédictions du ciel.

Qui n'a suivi la croix ouvrant la carrière au troupeau pressé autour de son pasteur, et cette blanche bannière de la Vierge, et les étendards des saints patrons, auxquels se rattachent tant d'espérances ? On chemine par des routes ombragées ; on s'avance le long d'une haie d'aubépine, où bourdonne l'abeille, où sifflent joyeusement les merles et les bouvreuils. Les bois, les vallons, les rochers, les rviières entendent tour-à-tour les hymnes du laboureur, les accents de ces voix sans art et qui partent du cœur. Plus les hommes sont simples, plus ils paraissent grands aux yeux de Dieu ; plus ils se montrent soumis à la religion, plus ils sont libres.

Le moment de la moisson est arrivé, l'homme condamné à gagner son pain à la sueur de son front, s'est adressé au Père qui est dans les cieux. Il offre à Dieu les premières récoltes que la Providence a bénies, et il fait de la charité l'auxiliaire de la piété. Il méritera donc de plus en plus les faveurs du ciel, en lui offrant l'hommage d'un cœur pur, en se regardant comme l'instrument de la miséricorde et de la charité envers les pauvres.

C'est en vain que les naturalistes ont cherché la patrie du blé, il est partout où les hommes peuvent fixer leur habitation, et partout il a les mêmes propriétés. La manière dont ce végétal se développe, se forme et se reproduit, appelle notre attention. Ce n'est d'abord qu'un grain qui fermente dans la terre, dit l'abbé Pascal, de ce grain, ainsi décomposé, sort un petit germe, qui, tout faible qu'il est, ne laisse pas de se faire jour à travers la terre sous laquelle il se trouve enseveli, et la couvre de sa verdure, que les vents bientôt agiteront comme les vagues de la mer. On voit ensuite s'élever cette herbe si tendre, qui reçoit le suc nourricier de la terre par un nombre prodigieux de petits canaux, lesquels, semblables aux artères du corps humain, servent à faire passer ces mêmes sucs jusqu'aux extrémités de chaque feuille.

Mais, ô prodige, lorsqu'elle est arrivée jusqu'à un certain point d'élévation, et qu'il y aurait à craindre qu'elle ne pliât sous son propre poids, il se trouve dans sa tige flexible un petit nœud qui la fortifie et devient un appui sur lequel elle s'élève encore d'un étage. Après ce premier nœud, il s'en forme un deuxième, surmonté d'un nouvel étage, ainsi de suite, jusqu'à ce que la tige soit parvenue à une hauteur convenable, et soit assez forte pour soutenir l'épi qui doit en couronner le sommet. Cet épi est lui-même un chef-d'œuvre. Il n'est pas de magasin où l'on trouve plus d'ordre et d'arrangement. Chaque grain s'y trouve délicatement entouré d'une enveloppe délicate, et enfermé dans une petite case, comme dans un grenier propre à le mettre à couvert de l'intempérie de l'air, et qui de plus est surmonté d'une pointe allongée pour se défendre contre le ravage et l'avidité des oiseaux. Quelle suite de prodiges! Un grain perdu dans la terre change mille fois de forme et de nature, et finit par se reproduire au centuple. Cela seul permet-il de douter qu'il y ait une sagesse incréée qui veille à nos besoins avec une bonté paternelle? et ne devons-nous pas nous écrier avec un poète moderne :

Ah! si cet Univers est sans un Créateur,
Il est donc des bienfaits, et pas de bienfaiteurs.

N'admirez-vous pas encore, mes enfants, dans le grain de blé, qui pourrit dans la terre, et qui plus tard s'élève majestueux, l'image de la résurrection glorieuse de nos corps décomposés dans la terre, et la figure de l'humilité qui porte tant de fruits spirituels pour l'âme qui la conserve en elle?

La religion est pour ainsi dire l'agriculture de nos âmes; elle les cultive, et leur fait produire le centuple. Mais cette terre spirituelle doit être aussi cultivée à la sueur de nos fronts pour produire de bons fruits. Le blé, avec lequel on fait le pain qui sert de base à notre nourriture corporelle, nous rappelle aussi une autre nourriture, car l'homme ne vit pas seulement de pain, mais de la parole de Dieu, comme dit l'Evangile. Nourrissons notre âme de cette sainte substance, partageons-la avec nos frères, car c'est l'aumône la plus profitable, et à celui qui la donne, et à celui qui la reçoit. Qui donne aux pauvres prête à Dieu, et à gros intérêts. Il en reçoit en échange l'aumône bien plus précieuse de la prière. L'aumône spirituelle l'emporte sur l'aumône matérielle, autant que l'âme l'emporte sur le corps.

VI

C'est Dieu que nous nourrissons et que nous vêtissons dans le pauvre, et ce verre d'eau que lui donne une main compatissante, n'est pas perdu pour nous; il nous vaudra un poids immense, éternel, de gloire. Mais combien d'âmes indigentes qui demandent le pain spirituel, et ne rencontrent personne pour le leur rompre ! L'œuvre la plus excellente est d'instruire les ignorants, et surtout d'instruire les enfants, cette portion si chère du troupeau de Jésus-Christ ; et puis Dieu répand de si grandes bénédictions sur ceux qui enfantent ainsi des âmes à la piété, sur ceux qui les initient aux mystères de Dieu ! Ecoutez ce fait, qui laissera dans votre âme un doux souvenir :

Dans le faubourg le plus populeux de Nevers, vivait un brave jardinier, qui de tout temps avait donné à ses voisins l'exemple de toutes les vertus chrétiennes ; aussi était-ce l'objet de la vénération de tous. Fidèle à tous ses devoirs, on le voyait assister avec un recueillement profond aux offices sacrés, et toujours il avait su dérober quelques instants à ses pénibles travaux, pour apprendre le catéchisme aux pauvres enfants de son faubourg. C'était là son bonheur, il se complaisait dans cette occupation sainte, et quand on faisait l'éloge de sa patience, de sa charité, il répondait naïvement. « Ne faut-il pas qu'il y ait quelqu'un pour mener ces enfants à Jésus ? »

Devenu aveugle, il supporta ce malheur pendant plus de vingt ans avec une résignation admirable, et n'en fut pas moins exact à se rendre à l'église aux jours de fêtes, et à remplir sa belle mission de catéchiste. Un soir, cependant, on l'entendit se plaindre d'être privé de la vue. C'était à une époque où l'évêque de Nevers donna à son diocèse un nouveau catéchisme.

Le père Grivault n'apprit cette nouvelle qu'avec douleur. Il ne pourra donc plus être utile à ses chers enfants! Oh! c'étaient bien ses enfants à lui, car il les enfantait à la vie éternelle, et la prière fécondait admirablement son œuvre. Il ne pourra donc plus apprendre à ses enfants à connaître, à aimer, à servir leur Dieu! Faudra-t-il qu'il renonce à cette occupation si chère à son cœur religieux? Non, il se rendra lui-même enfant, pour pouvoir évangéliser les enfants... Il ira tous les jours au loin apprendre le nouveau catéchisme, afin de l'enseigner ensuite, et jusqu'à sa mort il pourra redire à ces pauvres ignorants, ce que pour eux il a confié à sa mémoire et à son cœur. Homme vertueux, votre zèle aura sa récompense, et votre lit de mort se changera pour vous en un char de triomphe d'où vous vous élèverez plein de joie au ciel.

Atteint d'une maladie mortelle, il demande et reçoit les sacrements avec une piété dont le ministre du Seigneur est attendri, et le jour de sa mort, sentant sa fin approcher, il rassemble autour de lui les membres de sa famille, leur rappelle les miracles de Dieu pour nous, leur explique l'un après l'autre chaque commandement de Dieu et de l'Eglise, et les exhorte à les observer religieusement. Puis il les prie de le recommander à la sainte Vierge, en l'honneur de laquelle il entonne d'une voix ferme l'hymne *Stabat mater*, récite avec des sentiments admirables de piété les prières des agonisants, et enfin commence et poursuit, avec une expression de bonheur et de joie qu'on ne saurait rendre, le beau cantique sur les délices du ciel.

Sainte Cité, demeure permanente,
Sacré Palais qu'habite le grand Roi.

Une demi-heure après, son

âme ravie avait brisé ses entraves; le saint homme était allé continuer pour jamais, dans les tabernacles éternels et dans la compagnie des anges, l'hymne de louanges et d'amour qu'il avait commencée ici bas !

VII

La contemplation de l'univers et des perfections de Dieu, qui s'y manifestent avec tant d'éclat, doit naturellement nous remplir de confiance en lui. Comment ne sommes-nous pas tranquilles sur notre sort, puisqu'il repose entre les mains d'un Etre si puissant, si sage et si bon? De quels dangers ne pouvons-nous pas être tirés par Celui qui a étendu les cieux? De quelles peines ne pouvons-nous pas être délivrés par le Dieu qui forma toutes les créatures d'une manière si admirable? Et qui pourrait nous empêcher d'avoir recours à lui dans tous nos besoins, et d'espérer qu'il exaucera nos vœux?

C'est ainsi que la nature peut devenir une excellente école pour le cœur. Soyons attentifs à ses leçons; profitons-en avec docilité.

C'est là que nous apprendrons la vraie science, cette science qui n'est jamais accompagnée de dégoût et d'ennui : elle nous donnera la connaissance de Dieu, et nous y fera trouver les avant-goûts du bonheur de cet autre monde, où n'étant plus bornés aux premiers éléments de la sagesse, notre sainteté et nos lumières se perfectionneront pendant toute l'éternité. Occupés à cette étude, nous sentirons s'écouler doucement nos jours terrestres: la bonté du Créateur nous y prodiguera les plaisirs les plus touchants; mille sources de délices s'ouvriront pour nous; la joie et l'allégresse pénétreront de toutes parts dans nos cœurs. O homme, qui que tu sois, préfère cette noble jouissance aux vains plaisirs du monde! Puisse, dans les jours de ton printemps, la vue de la belle nature te toucher plus que la perfide volupté, qui ne flatte que les sens, et n'intéresse point l'ame! Etudie-toi à trouver Dieu dans toutes ses œuvres; demande-lui qu'il t'apprenne à t'étudier toi-même; et, si ton bonheur n'est point encore parfait ici-bas, c'est qu'il ne pourra l'être que dans la possession de Celui qui peut seul remplir ton cœur et combler tes désirs.

— Lille, Typ. L. Lefort. 1854. —

www.ingramcontent.com/pod-product-compliance
Ingram Content Group UK Ltd.
Pitfield, Milton Keynes, MK11 3LW, UK
UKHW022133260726
13993UKWH00003B/1411